Werner Liebeskind

Blaues Gold von Lehesten

Thüringer Schieferbergbau in historischen Aufnahmen

Fotografien aus der Sammlung Werner Liebeskind und von Alfons Olbricht

Titelbild
Diese Ansicht vom Tagebau/Revier Kießlich der Herzoglichen Schieferbrüche um 1910 verdeutlicht die einzigartigen Dimensionen des Lehestener Schieferbergbaus, der seit dem 13. Jahrhundert überliefert ist, aber erst mit der vollkommenen Erschließung der Lagerstätten um 1840 im Zuge der industriellen Revolution die hier sichtbare Größe annahm.
Aufnahme: Photo-König Lobenstein

Innentitel
Schieferwerker - Spalter und Zuschneider - in der Spalthütte um die Jahrhundertwende.
Aufnahme: Ernst Graf, Saalfeld

Rücktitel
Blick von Süden auf die Göpelschachtanlage mit der markanten Felswand, die als geschützter Geotop einen Einblick in den Schichtenaufbau des Gebirges bietet, und dem Schornstein der Wasserhaltungsanlage von 1873. Der Göpelschacht ist das Kernstück des Technischen Denkmals Historischer Schieferbergbau Lehesten.
Aufnahme: Frank Barteld, Gera

Hans-Jürgen Barteld REDAKTION & VERLAG
Saalfelder Straße 17
D-07549 Gera
Telefon/Fax: (0365) 710 07 47
e-mail: Hans-Juergen.Barteld@t-online.de

Gesamtherstellung: Förster & Borries GmbH, Zwickau

ISBN 3-935961-00-6

Berg- und Schieferstadt Lehesten

Hochwertiger Dachschiefer, seine fachmännische Gewinnung und Verarbeitung begründeten Lehestens einzigartigen Ruf. Das in seiner unmittelbaren Umgebung aus reichen Lagerstätten wohl seit dem 13. Jahrhundert gewonnene Gestein prägte seither den Ort, der als Zentrum des thüringischen Schieferbergbaus und der Schieferdeckerkunst weithin bekannt wurde.
Ihre erste urkundliche Erwähnung fand die Bergstadt 1071 als Benefizgut „lestini". Erste Belege für den hiesigen Schieferabbau sind eine Rechnung von 1485 über Schiefertransporte zum Schloß in Teuschnitz samt Abriß eines alten Schieferdaches. 1499 wurde der Lehestener Bürger Nicol Schober mit einem Schieferbruch (Alter Hau am Unnütz, Flurname auf dem Feld des späteren Staatsbruchs/Bruch 1) belehnt.
1530 predigte Martin Luther hier und 1648 gründete sich

Als Postkarte vertriebene Luftbildaufnahme von Lehesten aus den 1930er Jahren. Die Beschriftung spricht vom Bemühen, die bekannte Berg- und Schieferstadt auf der Steinernen Heide auch als günstigen Ferienort zu empfehlen. Der einsetzende Urlauberverkehr endete mit dem Zweiten Weltkrieg abrupt und blieb in Folge der Teilung Deutschlands durch Lehestens Lage im Grenzsperrgebiet für über vier Jahrzehnte unterbrochen.

die Mittel- und Norddeutschland erfassende Schieferdeckerinnung. Unmittelbar darauf, im Jahre 1651, wurde Lehesten das Stadt- und Marktrecht verliehen, dem 1698 eine eigens für die Schieferfuhrleute aufgestellte Fuhrwerksordnung folgte.
Mitbegründet vom Direktor des Herrschaftsbruches, Friedrich Bernhard Bischoff, entstand 1872 die zweite deutsche Konsumgenossenschaft. 1885 erhielt Lehesten Anschluß an das Eisenbahnnetz.
1910 eröffnete die Dachdeckerschule als erste solche Meister-Bildungsstätte in Deutschland. Diese veranstaltete anläßlich ihres 25jährigen Jubiläums 1936 die vielbesuchte und ob ihres Erfolgs im Jahr darauf wiederholte Werk-, Lehr- und Modellschau „Das Dach" in Gestalt des Lehestener „Zwergendorfes".
Mit den Ergebnissen des Zweiten Weltkrieges geriet Lehesten in eine zunehmend nachteilige Lage direkt an der Grenze zwischen sowjetischer und amerikanischer Besatzungszone bzw. DDR und BRD. Anfangs gab es im Interesse des Schieferabbaus noch Ausnahmegenehmigungen: So fuhren bis 1952 sogenannte Korridorzüge - über Ludwigsstadt in Bayern - von und nach Probstzella und bis 1961 waren auch noch etwa 80 bayerische Arbeiter auf den Lehestener Schieferbrüchen tätig. Doch dann bestimmte das totale Grenzregime: Die Dachdeckerschule wurde aus Lehesten verlegt und deren Gebäude militärisch genutzt; erst nach der Grenzöffnung von 1989 konnten sie wieder dem ursprünglichen Zwecke dienen.
Zehn Jahre später, 1999, wurde die Schiefergewinnung untertage eingestellt. Der Abbau im Tagebau war schon 1973 beendet. So blieb im Lehestener Raum allein ein Tagebau im Oertelsbruch Schmiedebach mit Spalthütte, Werksteinproduktion (Schleiferei) und Auslieferungslager für Dach- und Wandschiefer der Vereinigten Thüringischen Schiefergruben.
Die Stadt ist von Zeugen des jahrhundertealten Schieferbergbaus umgeben - Halden und Tagebaurestlöcher reichen bis an den Ortsrand heran. Auf dem Gelände der vormaligen Schiefergrube Lehesten, am früheren Staats- bzw. (bis 1920) Herzoglichen Schieferbruch, erhält der Besucher vor Ort im Schaubergwerk und am Technischen Denkmal Historischer Schieferbergbau einen Einblick in die vergangene Arbeitswelt und kann hier den Werdegang des Dach- und Wandschiefers von der Gewinnung bis zur Verarbeitung anschaulich verfolgen.

Die 1743 neugebaute, selbstverständlich schiefergedeckte Lehestener Kirche St. Aegidien mit ihrem Turm, außerhalb des Kirchenschiffes, in der für die Gegend charakteristischen Zwiebelform. Das Gotteshaus birgt die größte jemals in Lehesten gewonnene Schieferplatte mit 3,53 x 2,85 m Rohmaß.
Seine Entwicklung verdankte der Berg- und Schieferort auch der Lage an der alten Handelsstraße von Nürnberg nach Leipzig. 1792 nahm Alexander von Humboldt als königlich-preußischer Bergassessor eine Befahrung der Herzoglichen Schieferbrüche zu Lehesten vor.

Das „blaue Gold“ der Steinernen Heide

Die Steinerne Heide, das Hochplateau um die 600 m ü. NN von ca. 15 km Länge und 6 km Breite zwischen Rennsteig (S), Loquitz (W), Saale (N) und Sormitz (O), bezeichnet das Kerngebiet des Abbaues von Dachschiefer um Lehesten, Probstzella, Unterloquitz und Leutenberg. Die hier anstehenden Dachschieferlager sind vor 330 Millionen Jahren im Unteren Karbon (Kulm) aus feinkörnigen-tonigen Sedimenten entstanden. Hohe Drücke und Temperaturen, die bei der Auffaltung des Gebirges auftraten, bewirkten die ausgeprägte Schieferung und somit gute Spaltbarkeit des Gesteins.
Die einzelnen, auch farblich verschiedenen Schichten dieser Dachschieferzone grenzen oft nur wenige Millimeter dicke Wände oder Trennflächen voneinander ab. Die Schichtenfolge des Lehestener Kulms (Unterkarbon) beginnt mit dem 5 bis 6 m mächtigen Kalkknotenschiefer, geht in den auf 10 bis 25 m anstehenden Rußschiefer über, der vom Dachschiefer mit 25 bis 30 m überlagert wird.
Das angestrebte Ziel des Schieferabbaues ist der blaue Lagerstein.
Die besonderen Eigenschaften des Thüringer Schiefers - Witterungs- und Farbbeständigkeit, Spaltbarkeit und Elastizität - waren schon sehr früh erkannt und wurden bei Dacheindeckungen genutzt. Mit Lehestener Schiefer sind z.B. gedeckt worden
- 1517 das Schlößchen Kitzerstein in Saalfeld
- 1536 das Saalfelder Rathaus
- 1563 das Heldburger Schloß

sowie bereits um 1400 die Kaiserburg in Wien.

Der im Raum Lehesten frühzeitig begründete Schieferabbau nahm im 19. Jahrhundert einen steilen Aufschwung. Kleine Familienbetriebe, in denen auch Kinderarbeit zum Alltag gehörte, wuchsen zu Unternehmen mit Lohnarbeitern, den Schieferknechten. Die Kargheit des Thüringer Waldes, die kaum ertragreiche Landwirtschaft zuließ, begünstigte diese Entwicklung ebenso wie eine weitere Maßgabe: Noch bis weit in die 1800er Jahre hinein waren die Dächer der Gebäude überwiegend mit brennbaren Dachbelägen (Holzschindeln, Stroh u.a.) gedeckt. Nicht selten wüteten Feuersbrünste und legten mitunter ganze Ortschaften in Schutt und Asche. So auch 1822 beim Stadtbrand in Lehesten, als 120 Wohnhäuser, 76 Scheunen und weitere Anwesen vernichtet wurden. Alsbald wurde in den meisten Ländern die alleinige Verwendung feuerfesten Bedachungsmaterials per Gesetz verordnet. Da erwies sich Schiefer als idealer Baustoff, der sich besonders in den Höhenlagen als Dach- und Wandbeschlag empfohl. Amtsgebäude, Kirchenbauten, herrschaftliche Häuser und solche wohlhabender Bauern wie auch Mühlen erhielten in großer Zahl eine Schieferdeckung.
Nicht zuletzt der umfassende Einzug der Schiefertafel in den Schulen und die vom Landesbaumeister Döbner 1845 eingeführte Schablonenschiefer-Herstellung beförderte den Abbau des „blauen Goldes“ spürbar. Um Lehesten gab es 1846 etwa 15 Schieferbetriebe (von 28 in Thüringen) mit einer Jahresproduktion von ca. 5 400 t.
1849 erwarb Ernst Oertel Anteile am Hauptmannsbruch im nahen Schmiedebach und legte damit den Grundstein zum später größten Schieferbetrieb Thüringens und darüber hinaus.
1858 berief Herzog Bernhard Erich Freund von Sachsen-Meiningen den Hüttendirektor Friedrich Bernhard Bischoff zum Direktor der Herzoglichen Schieferbrüche in Lehesten. Damit unterstand der Bruch nicht mehr dem Bergamt, sondern das Herzogliche Staatsministerium entschied nun über die weiteren Geschicke des Betriebes. Ein neues Berggesetz der meiningischen Regierung machte den Schiefer bergfrei, d.h. der Bergbauwillige war nicht mehr an das Grundeigentum gebunden; er mußte nur einen Fundpunkt belegen, den Schiefer muten.
Damit setzte ein wahres Abbaufieber ein - Gründerzeit. Allein im Lehestener Gebiet haben um 1870 an die 60 Gewerke und Gesellschaften Schiefer geschürft und gewonnen. Harte Konkurrenz führte bald zu einer Konzentration.

Größte Schieferbrüche auf dem Kontinent

Begünstigt durch die Erschließung einiger vorzüglicher Lagerstätten, erwarb Karl Oertel im Raum Schmiedebach auch die benachbarten Gruben. Zwölf zum Teil ansehnliche Betriebe wurden stillgelegt und sieben Bergwerke bis zur Jahrhundertwende zu einem einzigen riesigen Tagebau vereinigt, dessen über 100 m hohe Wände nur noch mit Braunkohletagebauen oder großen Steinbrüchen vergleichbar waren. Dieser nach seinem Begründer so genannte Oertelsbruch wuchs zum größten Schiefertagebau auf dem Kontinent.

Blick über die Steinerne Heide und auf den Oertelsbruch und seine Betriebsstätten in einer Junkers-Luftbildaufnahme aus den 1930er Jahren. Nahezu alle hier sichtbaren Gebäude und Anlagen gehören zum Oertelschen Schieferimperium: Druckluftzentrale, Werkstätte, eigene Landwirtschaft, Krankenhaus, Schule und Gleisanschluß (rechts im Bild) zum Lehestener Bahnhof. Deutlich zu erkennen sind die mächtigen, in jahrzehntelanger Arbeit hand- und maschinengeschrämten Wände des Tagebaus.

Der Konkurrenzkampf der Schieferfirmen wurde letztlich über die technische Ausstattung entschieden, gerade dabei behauptete Oertel seine dominierende Stellung. Die bald höhere Produktivität des Oertelsbruches war das Ergebnis einer klugen Unternehmensstrategie, die mit Bindung an den Betrieb gekoppelte Sozialleistungen einschloß.

Bereits

1875 schuf Karl Oertel im eigenen Betrieb eine Schule für die Kinder seiner Angestellten und Arbeiter, ließ zwei Jahre später in Lehesten ein Schulhaus bauen und finanzierte 1879/80 den Schmiedebacher Schulbau zur Hälfte. 1885 ermöglichte Oertel mit 300 000 Mark den Bau der Lokalbahn Ludwigsstadt - Lehesten, die eine direkte Fortsetzung zu den Schieferbrüchen fand. 1895 schließlich legte der so erfolgreiche, 1903 verstorbene Firmeninhaber mit 100 000 Mark den Grundstock einer Stiftung zugunsten seiner Arbeiterschaft.

Auf der anderen Seite der auch mit dem Dachdeckerhandwerk und seiner Ausbildungsstätte weiter aufstrebenden Berg- und Schieferstadt Lehesten stand der Herzogliche bzw. Herrschaftliche Schieferbruch, kurz Herrschaftsbruch, in voller Blüte. Dieser Großbetrieb war gleichfalls aus mehreren kleinen Brüchen hervorgegangen, die bereits 1792 vom königlich-preußischen Bergassessor Alexander von Humboldt befahren wurden.

Der Herrschaftsbruch hatte um 1900 etwa 650 Beschäftigte, die zu einem großen Teil aus benachbarten oder auch weiter entfernteren oberfränkischen Orten im Königreich/Land Bayern kamen. Auf beiden Brüchen waren zur Schiefer-Hochkonjunktur zwischen 1877 und 1899 bis zu 1500

Gesamtkomplex der Herzoglichen bzw. Staatsschieferbrüche (links) mit Direktionshaus (Bildmitte) und Betriebsgebäuden.

Menschen tätig, von denen viele aus benachbarten oder auch weiter entfernteren oberfränkischen Orten im Königreich/Land Bayern kamen.
In Deutschland erreichte die Dachschieferproduktion 1877 mit 136 400 t ihren Höhepunkt; der Thüringer Anteil lag bei 52 200 t (39 %). 1890 und 1899 standen gleichfalls über 50 000 t zu Buche.
Mußte man, der Lage des Gesteins folgend, in den anderen Schieferrevieren gegen 1880 zum Stollenbau übergehen, so

Bei Retusche im Labor: Otto Hofmann, Elektriker und Photograph im Oertelschen Betrieb. Ihm und seinem Arbeitgeber Karl Oertel sind wertvolle Bilddokumente in diesem Band zu verdanken.

konnte um Lehesten weiter in dem beschriebenen Umfange Tagebau betrieben werden, aber auch hier zunehmend verbunden mit dem ab 1920 ausgedehnten Untertagebau.
Ob unter- oder übertage - die Bergleute hatten eine schwere Arbeit, die zudem durch den Schieferstaub in hohem Maße gesundheitsschädlich war. (Schiefer als silikogenes Material schädigt durch Gesteinsstaub die menschliche Lunge.) Ein Los, das die vielen Arbeiter in den nahen Spalthütten teilten. Jeder dritte von ihnen mußte früher sterben; lange Zeit hatten die Berg- und Hüttenarbeiter gar nur eine Lebenserwartung von 40 bis 45 Jahren!
Erst neue Verfahren wie das Naßbohren oder das Befeuchten des zu spaltenden Gesteins halfen die gefürchtete Staublungenkrankheit, die in manchen Jahren über die Hälfte der Belegschaften erfaßt hatte, zurückzudrängen. Und erst 1949 wurde der Abbau von Schiefer als Bergbau anerkannt...

Gewiß nicht sozialkritisch verfaßt sind, ihrem Würdigungscharakter entsprechend, zwei zur hohen Zeit des Lehestener Schieferbergbaus in der Bergstadt erschienene Publikationen:
„Der Oertelsbruch. Jubiläumsschrift anläßlich des 100. Geburtstages von Karl Oertel 19. Juli 1925" und „Der Alte Schieferbruch zu Lehesten im Thüringerwald. Ein Besuch desselben und seine Geschichte".
Beide beschreiben, ganz im Stile dieser Epoche, recht ausführlich den Arbeitsalltag auf den großen Brüchen sowie in den zugehörigen Betriebseinrichtungen.
Und weil eben diese zeitgenössischen Schilderungen meisterliche - und glücklicherweise erhaltene - Fotografien von damals trefflich ergänzen, sollen hier wesentliche Auszüge wiedergegeben sein. Die Oertelschen Chronisten berichten vom gleichnamigen Unternehmen und Ludwig Munzer führt zu den ehemals herzoglichen Abbaustätten des „blauen Goldes".
Die Reportagen sind Ausgangspunkt für unseren illustrierten historischen Exkurs zum Lehestener Schieferbergbau des vorigen Jahrhunderts. Die nachfolgenden Bilder zeigen das Schaffen der Bergleute und Schieferwerker ebenso wie bergbauliche und technische Besonderheiten.

Ein Gang durch den Oertelschen Betrieb

Ein überraschend schönes Bild bietet sich dem Auge! Das Bruchloch liegt in seiner ganzen Tiefenausdehnung vor uns. Schroff und steil ragen die im Sonnenlicht glänzenden Gesteinswände des gewaltigen Beckens auf, an dessem Rande einzelne Gebäude zur Tiefe herniederschauen. (...) Auf der Sohle des Beckens ist überall Leben und Bewegung. Kleine Lokomotiven eilen an uns vorüber; dort läßt eine ihren schrillen Pfiff ertönen und verschwindet mit Schutthunten in dem rußgeschwärzten Tunnel; dazwischen hört man das eintönige Pochen der Schrämmaschine und das Rattern der Bohrhämmer.

Aus einem noch 30 m tieferen Teilkessel ertönen zu uns herauf wuchtige Hammerschläge, und bald sehen wir unten am Felsabhang die bereits von der Höhe beobachteten Raumarbeiter. Einige schwingen die schweren Fäustel und treiben Keile in einen Gesteinsblock, um die Schieferschichten aus ihrem festen Verbande zu lösen. Hebeisen, Hacke und Pickel helfen erfolgreich nach, und bald stürzen dumpf dröhnend gelöste Gesteinsmassen nach der Bruchlochsohle, wo das gröbere Abraumgestein mit bloßer schwieliger Hand, das feinere mit breiten Schuttschaufeln in die bereitstehenden Schutthunte geladen wird, während man das gute Gestein auf den Plattenhunten aufschichtet. (...)

Mit Preßluftbohrern treibt man tiefe Bohrlöcher in das Gestein; der Schießmeister geht mit Meßstab, Zündschnur und elektrischen Zündern von Bohrloch zu Bohrloch. Je nach der Tiefe füllt er die Bohrlöcher mit größeren oder kleineren Mengen Sprengstoffes, legt die Zündschnur oder die Leitung für elektrische Zündung mit Sprengkapseln in die Bohrlöcher, versetzt dieselben mit seinem Schieferabfall, um dann zu gegebener Zeit die Schüsse als Einzel- oder Gruppenschüsse zu lösen.

Die größte Verwunderung erregt der das weite Teilbecken beherrschende Kabelkran, der ein Meisterwerk moderner Technik darstellt. Zwischen den am Nord- und Südrande des Bruchloches aufgestellten Krantürmen ist das starke Kabel aufgespannt. Die Laufkatze läuft mit einem leeren Plattenhunt an diesem hin. Plötzlich bleibt sie stehen, der Plattenhunt wird in die Tiefe gelassen; und bald sehen wir, wie ein beladener Hunt gehoben und auf das Schienengleis abgesetzt wird. Spielend bedient dieser, von einem einzigen Mann dirigierte Kran das weite Arbeitsfeld. An jeder Stelle kann er die Hunte in die Tiefe lassen. (...)

Plötzlich hält der Kabelkran in seiner Arbeit inne. Das Signal zur Mittagspause ertönt. Hastig und geschickt ziehen sich Arbeiter an den am Felshang hängenden Seilen über den oberen Rand der Abbaustrosse empor, andere eilen über die Gesteinsblöcke und das Geröll, und die auf der Sohle Beschäftigten suchen rasch Deckung. Eile ist geboten - Gefahr droht! »Achtung!« tönt es laut und weithin vernehmbar vom Rande des Bruchloches zur Tiefe. Ein kräftiger Druck auf den Hebel des Minenzündapparates, und zehn bis zwanzig, ja manchmal noch mehr Minen kommen mit Hilfe der Elektrizität auf einmal zur Entladung. Ein ungeheurer Donnerschlag, das Gebirge wankt, Hunderte von Zentnern emporgeschleuderten Gesteins rollen dumpf krachend zur Tiefe, dichte Rauch- und Staubwolken steigen auf, und spitze und scharfe Schieferstücke sprühen gleich Splittern einer detonierten Granate umher und machen uns das rasche Verlassen des Arbeitsraumes verständlich. Wehe dem Arbeiter, der von einem solchen messerscharfen Splitter unglücklich getroffen würde!

Die laute, geräuschvolle Arbeit der Maschinen ist auf kuze Zeit verstummt, man vernimmt nur bald von diesem, bald von jenem Abbauraum das laute Krachen gelöster Schüsse und das dumpfe Abrollen emporgeschleuderten Gesteins. (...)

Wir gehen unterdessen nach der zwischen zwei Abbauräumen stehenden Raumküche mit anschließendem Arbeitersaal. Dabei überschreiten wir die Rohre der Preßluftleitung, die von der im Jahre 1907 errichteten Preßluftanlage ausgehen und im ganzen Betrieb umherführen zu den Verbrauchsstellen, wo die komprimierte Luft die Bohrhämmer treiben muß oder in den verschiedenen Maschinen ausgenutzt wird. Drinnen in der Raumküche und im Arbeitersaal ist es lebendig. Doch nur kurze Zeit währt die Arbeitsruhe; das Signal ruft die Arbeiter zu den Arbeitsstätten zurück ...

Auf der oberen Abbausohle rattert wieder der große Löffelbagger, der das Erdreich und das unbrauchbare Gestein abräumt und die brauchbaren Gesteinsschichten freilegt. (...) Im Verlaufe von zehn Minuten hat er zehnmal seinen 2 cbm fassenden Löffel gefüllt und entleert.
Schon lange hat das weithin vernehmbare eintönige Pochen der Schrämmaschine unsere Aufmerksamkeit auf sich gelenkt. Jetzt sind wir auf einer Abbausohle dicht an sie herangkommen. Unter lautem Pochen stößt die Maschine bis zu 4 m lange Meißel, die die Gesteinslager durchschneiden, in die Tiefe. Ist dann das anliegende Gestein abgebaut, so zeigen sich die glatten Schrämwände, die wir in den mittleren und unteren Lagen der uns gegenüberliegenden senkrechten Gesteinswände bewundern können. Auch diese Arbeit mußte früher mit einem keilförmigen Eisen und dem Fäustel verrichtet werden. Die Bruchlochwand zeigt uns in ihren höheren Lagen noch solche handgeschrämte Flächen. War die Arbeit auch mühsam, so mußte sie doch geleistet werden, um die auf der Bruchsohle beschäftigten Arbeiter nicht durch abbröckelnde Gesteinsmassen zu gefährden. (...)
Bald veranlaßt uns eine in der Nähe eines Abbauraumes tätige Haspel, einen Blick in ein anderes Becken zu werfen, ist doch dort wieder eine andere Einrichtung, mit der das Gestein aus der Tiefe befördert wird, in Tätigkeit. Eine Schrägförderanlage führt zur Sohle des Bruchloches. Soeben schieben Arbeiter einen Steinhunt auf den in der Tiefe angekommenen Fahrstuhl. Durch Drücken auf einen Knopf der nebenan stehenden Schalttafel erscheint in dem auf der oberen Sohle stehenden Maschinenhäuschen das Signal »Tiefe Sohle fertig«, und schon tritt die Haspel, die sowohl mit Preßluft, als auch mit Dampf getrieben werden kann, in Tätigkeit. An einem Kabel wird der Fahrstuhl mit seiner Last in die Höhe gezogen, während gleichzeitig ein zwischen den Schienen sich befindliches Gegengewicht zur Tiefe gleitet.
Dicht neben dem Maschinenhäuschen arbeiten zwei freistehende Haspeln, die einen Derrickkran (Schwenkmast) bedienen, der das Gestein aus der Tiefe hebt. So können wir auf allen Abbauräumen technische Einrichtunegn bewundern, von denen wir einige auf anderen Brüchen vergeblich suchen.

Wir folgen einem an uns vorüberfahrenden Zug mit Steinhunten, der den Spalthütten zueilt. Bald sind wir an der Stätte der Verarbeitung des Schiefergesteins angekommen. Das Tor einer geräumigen Spalthütte, aus der uns lautes Klopfen und Klappern entgegentönt, öffnet sich.
An langen Spalttischen stehen Arbeiter, die das Schiefergestein in dünne Platten spalten. Der Arbeiter, der seine Brustkleidung durch ein mit Eisendraht übersponnenes Lederschurzfell, das »Spaltleder«, geschützt hat, stellt den zu spaltenden Block senkrecht vor sich auf den Spalttisch. Durch einen Schlag mit der Spaltschlauder auf den aufgesetzten Stahlmeißel bringt er einen kleinen Spalt in den Stein, in den er nun dünne hölzerne Keile (Spaltspäne) nachtreibt, wodurch der Stein infolge der Schieferung in zwei Stücke mit glatten, glänzenden Flächen spaltet. Die Teilung des Steines wird dann in der gleichen Weise fortgesetzt, bis derselbe vollständig in 5 bis 6 mm starke Platten geteilt ist. Die Arbeit geht mit erstaunlicher Schnelligkeit vor sich, und bewundernswert ist auch die Spaltbarkeit des Lehestener Schiefers, worin ihm zweifellos jeder andere Schiefer nachsteht. ...
Aus der Hand des Spalters kommen die Schieferplatten in die Hand des Abzeichners. Von diesem werden mit Hilfe von eisernen Schablonen und dem Abzeichenstift die Formen der anzufertigenden Schiefer aufgezeichnet. (...) Die Abzeichner geben die Arbeit weiter an die Zuschneider, von denen mit der Schieferschere der überflüssige Stein abgeschnitten wird. Der Sortierer ordnet sie nun nach Farbe, Form und Größe. Der altdeutsche Schiefer, der freihändig zugeschnitten wird, wird abgewogen, um nach Gewicht verkauft zu werden, während die Schablonenschiefer nach Stückzahl abgegeben werden. (...)
In dem geräumigen Lagerschuppen sehen wir in Reihen die verschiedenen Formen und Sorten aufgestapelt und in hellblauen und dunkelblauen Schiefer geordnet. (...)
An Güte und Haltbarkeit kommt dem Lehestener Schiefer kein anderer gleich, und die Eindeckungen der Feste Heldburg, des Würzburger Domes und der Wiener Hofburg, die Jahrhunderte den Witterungseinflüssen getrotzt haben, dürften als bester Beweis für die Dauerhaftigkeit desselben zu betrachten sein.

Bis zum Lagerschuppen reicht das Schienengleis der (...) Zahnradbahn, die den Betrieb mit dem rund 100 m höher gelegenen Bahnhof Lehesten verbindet. An der Verladestelle vor dem Schuppen wird zum Versand fertiger Schiefer, den die kleine Zahnradbahn von den höher gelegenen Hütten nach hier gebracht hat, in einen bereitstehenden Bahnwagen verfrachtet.

Vor den Spalthütten rangiert eine Maschine und stellt die Schutthunte zusammen zu einem Zug, der nach den Halden gebracht werden soll. (...) Große Haldenanlagen dehnen sich südwestlich vom Hauptbetrieb aus. Ist ein Zug am Fuße der Halde angekommen, dann tritt die auf der Halde stehende Haspel in Tätigkeit, und die Schutthunde werden einzeln auf dem Schrägaufzug emporgezogen. Von dort bringt eine Lokomotive die Abraumhunte auf dem Schienengleis, das je nach Beschüttung von Zeit zu Zeit verlegt wird, nach dem Ende der Halde, wo sie von Arbeitern entleert werden.

In weiser Voraussicht, daß die in der Umgebung des Bruches angelegten Halden nicht hinreichen, das Abraumgestein aufzunehmen, erwarb Karl Oertel in den achtziger Jahren des vorigen (19.) Jahrhunderts Grundstücke in dem eine halbe Stunde entfernten Rehbachgrund, die der Aufnahme von Abraum dienen sollten. Der Hauptbetrieb wurde durch einen 1500 m langen Tunnel mit dem Rehbachgrund verbunden. Ungeheure Massen hat dieser enge Talgrund bereits aufgenommen, führt doch die große Rehbachmaschine (Lok) seit dem Jahre 1890 der Halde täglich rund 300 Schutthunte zu, von denen jeder 1,8 cbm Abraumgestein aufzunehmen vermag. So hat sich das Bild des Rehbaches im Laufe von Jahrzehnten vollständig gewandelt, denn hier liegen zu gewaltiger Höhe die Gesteinstrümmer aufgetürmt. (...)

Doch nun zurück zum Betrieb! An den bereits besuchten Spalthütten des Gräppenbachs vorbeigehend, folgen wir einem Arbeiter, der auf einem Karren reparaturbedürftiges Werkzeug nach den auf der Höhe liegenden Werkstätten bringt, in denen nicht nur Werkzeuge ausgebessert, sondern auch Transportmittel, technische Einrichtungen und Werkzeuge neu angefertigt werden. (...)

Neben dem Sägewerk ist die geräumige Plattenschleiferei eingerichtet, in der aus den Schieferplatten Gebrauchsgegenstände verfertigt werden, die man sonst aus Marmor oder ähnlichem Gestein herzustellen pflegt. Die Schieferplatten werden zu diesem Zwecke je nach ihrer Härte mit der Kreissäge oder der Sandsäge auf die gewünschte Form und Größe geschnitten, sodann gehobelt, gefräst, geschliffen und nötigenfalls poliert. So werden Waschtischaufsätze, Grabsteine, Briefbeschwerer, Aschenbecher, Schalttafeln, Wandtafeln und andere Gegenstände in ganz vorzüglicher Aufmachung hergestellt. (...)

Beim Verlassen der Werkstätten lenken Oertelsche Ökonomiearbeiter, die auf dem an die Preßluftzentrale angrenzenden Feld mit der Einbringung der Ernte beschäftigt sind, unsere Aufmerksamkeit auf sich und zeigen uns ein anderes Arbeitsgebiet des Oertelschen Betriebes. Die landwirtschaftlichen Nutzflächen machen nahezu ein Drittel des ungefähr 350 ha umfassenden, aus 63 ha Ackerland, 41 ha Wiese, 120 ha Waldland und 128 ha Ödland bestehenden Oertelschen Grundbesitzes aus. Sie grenzen an das bergmännische Betriebsgelände und liegen auf Schmiedebacher und Lehestener Flur. (...)

Auch auf dem Gebiete der Viehzucht gibt der Oertelsbruch ein nachahmenswertes Beispiel (...) und immer wieder erfolgen Nachfragen nach Saatgetreide, Saatkartoffeln und Jungvieh. Für die Bewohner des Oertelsbruches selbst wurde dieser Zweig des Oertelschen Betriebes von großer Bedeutung, da er den Arbeiterfrauen eine lohnende Beschäftigung zuweist und die Bewohner für verhältnismäßig niedrige Preise mit vollwertigen landwirtschaftlichen Erzeugnissen versorgt, die von der im Jahre 1924 begründeten Kantine neben anderen Bedarfsartikeln mit ausgegeben werden.

Aus: Nenninger, K. & Sorge, R. - Der Oertelsbruch. Jubiläumsschrift anläßlich des 100. Geburtstages von Karl Oertel (19. Juli 1925). - Leipzig 1925

Ein Besuch des Alten Schieferbruches zu Lehesten im Thüringerwald

Von den Thüringischen Staatsschieferbrüchen - landläufig die herrschaftlichen Schieferbrüche oder kurz die Herrschaftsbrüche genannt - sind zur Zeit nur der Alte Schieferbruch und der Kießlich (Flurbezeichnung) in Betrieb. Sie liegen etwa 2 km südwestlich von dem alten Bergstädtchen Lehesten. Mit dem Bahnhof Lehesten ist der Alte Bruch durch eine 1600 m lange Normalspurbahn verbunden, die mit bedeutender Steigung nach wenigen hundert Metern die Halden (...) erreicht. (...)

Unmittelbar vor uns sehen wir den Raum des Bruches I, gewöhnlich der »Alte Bruch« genannt. In gähnender Tiefe tut sich uns eine emsige Geschäftigkeit dar. Wie ein artiges Spielzeug nehmen sich Arbeiter, Hunte, Lokomotiven, Bäume, Sträucher und Hütten auf der tiefsten Sohle und auf den terrassenartig übereinandergelagerten einstigen Abbausohlen aus. Das Geräusch fahrender Lokomotiven, Hunte und ganzer Züge, die singenden Motoren der Maschinen, das Klappern der Bohrer, das Klirren der Schlägel, das Prasseln herniedergehenden Gesteins und der kurze gellende Pfiff der Lokomotiven mischen sich in das geheimnisvolle Raunen und Flüstern der stolzen, dunklen Fichten des Wetzsteinwaldes. Wie abgesägt stehen die Schramwände, teils noch aus alter Zeit, fast 100 m tief. (...) An der Felswand gegenüber, auf der die Schmiede- und Stellmacherwerkstatt steht, ist die Abbruchstelle noch deutlich sichtbar, von der im Jahre 1878 das Langhaus der Fördermaschine in die Tiefe stürzte. (...)

Wir gehen nun an der Schmalspurbahn weiter, und schon nach kurzer Zeit fährt mit schrillem Pfiff der Lokomotive ein Zug an uns vorüber, der fertige Schiefer vom Bruch II nach dem Betriebs-Bahnhof bringt. Diese Bahn, die verschiedene Spitzkehren bildet und sich verschiedentlich verzweigt, dient aber nicht nur der Beförderung der fertigen Ware vom Bruch II, sondern sie versorgt auch die Verbrauchsstellen mit der nötigen Kohle und bringt unbrauchbares Gestein und Schutt auf die Halden. Eine Abzweigung dieser Bahn führt zum Elektrizitätswerk in der Schönau, der Licht- und Kraftzentrale für den Betrieb. (...) Ein 60pferdiger Elektromotor treibt das Saugwerk einer Preßluftmaschine. Die eingesaugte Luft wird in mehrere aufgestellte Kessel und in das angeschlossene Rohrnetz gepreßt. (...) Durch Rohre und Schläuche mit drucksicheren Wandungen wird die Preßluft überall im Betrieb hingeleitet, wo sie verwendet werden soll., z.B. zu den Bohrhämmern, nach der Schmiedewerkstatt u.a.O.

Westlich der elektrischen Zentrale befindet sich der kleinere im Betrieb befindliche Bruch II, gewöhnlich »Kießlich« genannt, weil er am Kießlichberg liegt. (...) Eine früher mit Dampf, jetzt elektrisch betriebene Pumpanlage, deren roter Schornstein aus dem Raum hervorragt, sorgt für die Wasserhaltung (um das die Baue füllende Wasser zum Ablauf zu bringen). Die tägliche Förderung an eingedrungenem Wasser beträgt rund 350 cbm, erhöht sich aber wesentlich bei eintretendem Regenwetter und besonders bei rascher Schneeschmelze. (...)

Ein Teil der Raumarbeiter ist mit Bohren beschäftigt. Die mit Preßluft getriebenen Bohrer ermöglichen, in kurzer Zeit metertiefe Bohrlöcher in das harte Gestein zu führen, um die Aufnahme der Sprengpatronen zweckmäßig und wirkungsvoll zu gestalten. Andere Arbeiter lösen mit Keil und Schlägel, mit Brecheisen und Pickel Schieferplatten und zerteilen sie zur leichteren Berförderung, ihre Arbeit wird von denen fortgeführt, die das gebrochene Gestein in Hunte laden und zum Förderschacht bringen. Eine Haspel, mit elektrischem Motor betrieben, zieht auf einer schiefen Ebene die Wagen mit dem Gestein auf die Sohle, auf der die Einfahrt zur Förderung liegt. Der etwa 80 m hohe senkrechte Aufzug mit elektrischem Antrieb bringt die vollen Hunte nach oben, die leeren nach unten.

Wir verlassen nun den Raum und steigen auf der 259 Stufen hohen Zickzacktreppe hinauf, kommen an der Fördermaschine vorbei, die wir durch das offene Tor in Betrieb sehen und erreichen gerade das Langhaus, als der Hunt im Förderkorb oben ankommt. Der Hunt wird nun von den Huntestößern auf der Grubenbahn zur Hütte oder Halde gebracht, je nachdem, ob er mit »Stein« oder mit Schutt beladen ist. (...) Schon ist wieder ein leerer Hunt in den Korb gefahren und befestigt, von unten kommt das Signal, daß alles fertig ist, nun wird auch oben dem Maschinenwärter das gleiche Signal gegeben, und gleich drauf beginnt die Fahrt: der leere Hunt verschwindet in der dunklen Tiefe des Schachtes und gleich darauf taucht der volle aus dem Dunkel auf und kommt oben an.

Nach der Beschreibung der Arbeiten in der Spalthütte gelangt der Autor zum Schieferlagerplatz:

Die fertigen Dachschiefer werden in hellblaue und dunkelblaue geschieden. Der Laie kann hier den Farbunterschied kaum feststellen, dem gewandten Arbeiter ist es ein Leichtes. Ritz man einen Stein an, und der Strich erscheint weiß, so ist es hellblauer Schiefer, bleibt die Farbe dunkelblau oder gar schwarz, so ist er von dunkelblauer Farbe. Nach der Form wird der altdeutsche und der Schablonenschiefer unterschieden. Die altdeutsche Form ist die ursprüngliche. Sie ist sicher den Fischschuppen nachgebildet worden.

In alter Zeit durften die Schiefer nur in Scherben, d.h. nur gespalten, aber ohne besondere Form verkauft werden, und es gehörte damals zu der Arbeit des Schieferdeckers, daß er die Steine zurichtete, wie er sie brauchte. Später wurde den Steinen gleich auf dem Bruche mittelst Schieferhammer die Form gegeben. Die Schablonenschiefer werden seit dem Jahre 1845 auf den Herrschaftsbrüchen gefertigt. Die Formen dazu waren von dem damaligen Baumeister Döbner in Meiningen entworfen worden. Diese Formen sind die heutigen sechseckigen Schablonen. Hieraus bildeten sich dann die fünfeckigen Schablonen. Später wurde noch eine viereckige (oblonge) Form gefertigt, die 1884 den englischen Schablonen in der Größe angepaßt wurde. (...)

Wir suchen nun die für die Arbeiter geschaffenen Wohlfahrtseinrichtungen auf und gelangen zuerst in das Arbeiterhaus. Zu ebener Erde (...) befindet sich je ein geräumiger Saal, in welchen die Arbeiter ihre Mahlzeiten einnehmen. Ein kleiner Raum, das »Kasino« ist für die Beamten und Aufseher bestimmt. Über den Speisesälen befinden sich zwei Schlafsäle für diejenigen Leute der Belegschaft, die zu anstrengende Märsche von und nach ihren Heimatorten machen müßten, wenn sie täglich zu Hause übernachten wollten. Die Schlafstellen bestehen aus eiserner Bettstelle, Strohsack und wollener Decke.

(Nachfolgend werden Badehaus und Küche vorgestellt.)

»Haben die Arbeiter für die Benutzung dieser Einrichtungen auch etwas zu bezahlen?« Die Antwort lautete: »Nein! die Anlagen sind auf Kosten des Werkes geschaffen und werden auch auf dessen Kosten unterhalten.«

Wir sind nun auf der »Kippe« angelangt. Hier wird das unbrauchbare Gestein aus den Hunten abgestürzt, so daß gegen 70 m hohe Halden von der Talsohle aufsteigen. (...)

Wohl jedem Besucher dieser Brüche drängen sich unwillkürlich beim Anblick dieser unvermutet großen und tiefen Bruchräume und hohen, ausgedehnten Halden die gleichen Fragen auf: Wie lange mögen diese Brüche betrieben werden, um einen solchen Kessel herauszuarbeiten und solch' gewaltige Halden aufzutürmen? Und kann denn ein Betrieb noch einen Gewinn ergeben, wenn sich von dem gewonnenen Stein so viel als unbrauchbar erweist?

Aus: Ludwig Munzer - Der Alte Schieferbruch zu Lehesten im Thüringerwald. Ein Besuch desselben und seine Geschichte. - Selbstverlag des Verfassers, Saalfeld 1927

Literaturhinweise

Fachkunde für den Schieferbergbau. Von Heinz Pfeiffer (Hrsg.) u. Autorenkollektiv. Fachbuchverlag Leipzig 1955

Zur frühen Geschichte des Schieferbergbaues zu Lehesten / Zur Geschichte des Thüringischen Dachschieferbergbaues im 19. Jahrhundert. Herausgegeben vom Interessenkreis Technisches Denkmal der Schieferindustrie e.V. Lehesten/ Thür. Wald 1999/2000

Der Schieferbergbau um Lehesten. Von Peggy Gruner u. Rainer Schlundt. hain-verlag Rudolstadt 1999

Lehesten in der Vergangenheit. Ortsgeschichtliche Aufzeichnungen. Von Sanitätsrat Dr. Peetz im Selbstverlag. Lehesten 1921

Außenkommando Laura und Vorwerk Mitte Lehesten - Testbetrieb für V2-Triebwerke. Von Dorit Gropp. Westkreuz - Verlag Berlin/Bonn Bad Münstereifel 1999

Die thüringisch-fränkische Schieferstraße. Ein Wegweiser. Herausgegeben von den Stadtverwaltungen Lehesten, Leutenberg, Ludwigsstadt, Steinach o.J.

Blick in den Tagebau/Revier Kießlich der Herzoglichen (später Staats-) Schieferbrüche um 1910: Oben links die Mannschaftskaue (Alter Speisesaal) und Übernachtungsstätte für auswärtige Schieferarbeiter. Daneben die markante Göpelschachtanlage, Kernstück des heutigen Technischen Denkmals. Besonderheit hier: der später nicht mehr existente Schornstein des (mit dem Elektroantrieb dann nicht mehr benötigten) Dampferzeugers. Schräg darunter der - heute noch erhaltene - Schlot der Dampferzeugung für den Antrieb der Pumpen der Wasserhaltung. Die beeindruckenden massiven Rückwände (links) entstanden allein durch Handarbeit mit Schlägel und Eisen!
Der von den Schieferarbeitern (im Bild rechts) gewonnene Rohstein wird mit Hunten auf Feldbahngleisen und über den sogenannten Bremsberg (Bildmitte) zum Anschluß an das Niveau des Schachtes 2 abbefördert. Am rechten Bildrand oben thront das 1902 erbaute Direktionsgebäude.

Blick in den Bruch 1, bergamtlich „Alter Bruch": Neben der hohen Wand (links) dominiert auf dem Fels das schornsteinbewehrte Fördermaschinengebäude mit dem hier gut erkennbaren tonnenlägigen Schacht (Schrägschacht). Vorn im Bild: Schieferarbeiter bei Gewinnung und Förderung per Feldbahn. Am Bildhorizont links und rechts der Schachtanlage Unterkunfts-, Wohn- und Werkstattgebäude. Der Schornstein am Fördermaschinenhaus vom Schacht 1 wurde in Schiefermauerwerk errichtet und stellt somit eine Besonderheit dar.

Mit Werkzeug und Blick zum Photographen in einer Reihe: Schieferwerker bei der zweifellos harten Keil- und Treibearbeit zur schonenden Gewinnung des Rohsteins...

... sowie bei der Klaube- und Scheidearbeit mit anschließender Rohsteinverladung von Hand (!). Aufnahmen aus dem Oertelsbruch.

In den Lehestener Schieferbetrieben standen alle notwendigen Handwerksgewerke zur Verfügung: Schlosserei/Schmiede der Herzoglichen Brüche 1899 mit den damals gebräuchlichen Werkzeugen.

Feldbahn-Dampflokeinsatz im Tagebau der Herzoglichen Schieferbrüche auf zwei Strossen. Die mit dem Verladen, der Rohsteingewinnung bzw. mit dem Einbringen von Bohrlöchern (mittels Handbohrer!) Beschäftigten halten eigens für den Photographen mit der Arbeit inne.

Gruppe von Arbeitern im Herzoglichen (staatlichen) Schieferbruch. Die Aufseher (vorn rechts) waren hier Staatsbeamte und damit Uniformträger.

Das Bild zeigt Abraumarbeit im Staatsbruch mit der Beladung von Hunten hinter der schmalspurigen Dampflok und demonstriert die mühselige Handbohrarbeit zu zweit: einer hält den Bohrer, der andere schlägt darauf mit dem Bohrfäustel.

Mobile Drucklufterzeugungsanlage mit Dampflok als Antriebsaggregat, Kompressor und Druckluftspeicher (Kesselwagen).

Eine große Arbeitserleichterung brachte das mechanische Bohren mittels Druckluft, das zum Aufnahmezeitpunkt um 1906 gerade Einzug gehalten hatte.

In der Folge entwickelt wurde die Steinbruchbarre zum Einbringen von Schrämschlitzen ins unverritzte Gebirge. Diese Technologie ermöglichte das hier praktizierte perforierende Bohren mit mechanischer Zertrümmerung der zwischen den Bohrlöchern stehengebliebenen Stege.

Weitere wesentliche Arbeitserleichterung brachte nach 1900 die Ablösung des Schrämens von Hand durch Stoßschrämmaschinen der US-amerikanischen Firma Ingersoll. Sie ermöglichten Schrämbreiten von 6 Zentimeter und -tiefen bis zu 4 Metern (!), siehe Abb. nächste Seite. Bild links oben: Schrämaggregat mit Druckluftvorwärmer. - Während ihres Besuchs bei den Schieferarbeitern besichtigen Lichtentanner Grundschüler auch die Schrämmaschine.

Dampfbagger auf dem Oertelsbruch in den 1920er Jahren. Die stattlichen Maschinen mochten dem Außenstehenden als fauchende Ungeheuer erschienen sein, den Schieferarbeitern waren sie hochwillkommene Gehilfen.

Mächtig, gewaltig: Schrämwand im Oertelsbruch (alter Hohlbau im Nordwesten). Mechanisch niedergebracht bzw. nach unten vorangetrieben sind zehn Absätze zu je ca. 4 Metern; darüber - der Unterschied ist deutlich zu erkennen - der zuerst handgeschrämte Wandteil. Zur Förderung des hier gewonnenen Rohsteins stehen Hunte bereit, die mit jeweils 3 bis 5 Tonnen beladen werden konnten.

Elektrokran auf festem Gleis mit über dem abgesenkten Tagebau „schwebenden“ Hunt: gleisgebundene Fördertechnologie auf dem Oertelsbruch.

Die auf dem Oertelsbruch installierte Kabelkrananlage ermöglichte eine großflächige gleislose Förderung von und zu allen Arbeitsorten des Tagebaus.

Das Innere der Kabelkran-Antriebsstation.

Die Trossen der Kabelkrananlage (im Bild links unten über der Schrämwand) überspannten den gesamten Tagebau.

Förder- und Verladearbeiten mit Hilfe der Kabelkrananlage.

Beladen eines Platten-Huntes mit Rohstein-Lagern.

Im Gesenkbau wurde die Rohsteingewinnung im Oertelsbruch nach Südwesten hin erweitert. Dem diente die Fördertechnologie mit Schwenkmast (im Bild links an der Schrämwand) ebenso wie der Dampfbaggereinsatz und die Gleisverbindung zwischen Norwest- und Südostfeld. Im Hintergrund in der Schrämwand sichtbar: durchgebaute Abbaue von untertage.

Besonders die Teufe des Tagebaus der Herzoglichen Schieferbrüche zwang deren Betreiber zum Anlegen steiler bzw. seigerer Fördereinrichtungen: Schächte, Gestell- und Haspelberge. Bild: Füllort des Schachtes 1 um 1910, als - wie zu sehen - bereits mit Druckluft gearbeitet wurde.

Diese und die beiden folgenden Aufnahmen von untertage dokumentieren beispielhaft die thüringische Abbautechnologie, den Thüringer Hohlbau. Bei der ursprünglichen, ersten Abbaumethode wurden noch die Verhältnisse von übertage auf untertage übertragen, d.h. nach Einsetzen und Sichern der Abbaufirste wurde das Gestein fallend - wie im Tagebau - durch Bohr- und Sprengarbeit hereingewonnen. Klaube- und Scheidearbeit sowie Verladung erfolgten ebenso auf der Abbausohle wie der Abtransport allen anfallenden Fördergutes, also Rohstein und Schutte, und dies auf den gleichen Förderhunten wie im Tagebau.
Bild: Die am Abbaustoß erkennbaren hellen Bohrlochspuren zeugen vom Einsatz brisanten (zertrümmernden) Sprengstoffs, womit wiederum Freiflächen für das (schiebend wirkende) Sprengen mit Schwarzpulver zur Rohsteingewinnung geschaffen wurden.

Zur sicheren Ausbildung der Abbaufirste wurden möglichst natürliche Löse- bzw. Schichtflächen ausgenutzt. - Das Bild zeigt typische Arbeiten in einem Thüringer Hohlbau: Beladen des Staatsbruch-Huntes, rechts zwei Hauer bei der Austeilarbeit mit Schlägel, Meißel und Haue sowie Hauer beim Bohren (Mitte hinten).

Auffüllen eines ausgebauten Thüringer Hohlbaues durch Verstürzen von Schieferschutte aus der darüber liegenden Abbausohle.

Göpelschachtanlage in ihrer für den Bergbau des 15. bis 19. Jahrhunderts so typischen Gebäudeform im Revier Kießlich Anfang der 1960er Jahre. Um 1845 ging die Fördereinrichtung in Betrieb, angetrieben von der Kraft der Tiere (Pferde oder Ochsen), die nur zwanzig Jahre später die Dampfmaschine mit nur noch fiktiven Pferdestärken (PS) und schließlich 1909 der kW-bemessene Elektromotor ablösten. Die 1964 stillgelegte Fördereinrichtung ist einmalig in Europa und wird als Kernstück des Technischen Denkmals Historischer Schieferbergbau Lehesten erhalten.

Fördermaschinist des Göpelschachtes. Die Maschine vom Baujahr 1865 ist heute noch betriebsfähig und wird zu den Führungen am Technischen Denkmal in Bewegung gesetzt. Besonderheit: Die Kämme des hier sichtbaren großen Kammrades sind aus Holz gefertigt.

Schieferwerker bei der Arbeit: Rohformgebung von Hand durch Sprengen (mit dem Sprenger) und Hakenschlagen.

Blick in eine Spalthütte auf dem Oertelsbruch: Nachdem die Schieferwerker (hintere Reihe) den Rohstein zu Rohschiefer gespalten haben, geben ihm die Zuschneider (vorn/Mitte) die gewünschte Form mit der zwischen 1830 und ca. 1954 üblichen Handschere: entweder zu Dach- und Wandschiefer im freien Zuschnitt für die altdeutsche Schieferdeckung oder abgezeichnet als Schablonenschiefer. Danach wird die Fertigware vom Auswieger erfaßt. Die dazu benutzten Dezimalwagen (links im Bild) können auf den Schienen verschoben werden.
Die Schieferwerker waren damals einer immensen Staubentwicklung ausgesetzt, was im hohen Maße gesundheitsschädliche Arbeit bedeutete. Die gefürchtete Silikose raffte auch in der Gewinnung viele Bergarbeiter schon frühzeitig dahin; selten genug erreichte ein Schieferwerker das 50. Lebensjahr!

Der Spalter spaltet den Rohstein mit Spaltschlauder (aus Holz) und Spaltmeißel, wobei der Arbeiter ein Spaltleder (Schürze) trägt.

Der Abzeichner trägt die Schablonenform auf den Rohschiefer auf.

Der Zuschneider formatisiert hier einen Deckstein für die altdeutsche Schieferdeckung.

Die Schieferniederlage. Von einem solch prall gefüllten Lager mit Lehestener Material können die Schieferdecker von heute nur noch träumen.

Über eine Schiefe Ebene, deren Pfeiler noch heute auszumachen sind, bringt die schmalspurige Zahnradlok mit Fertigware (Dach- und Wandschiefer) beladene Hunte von einer höhergelegenen Spalthütte auf dem Oertelsbruch zur zentralen Verladung.

An der Verladerampe: Umladen der Fertigware von der 690-mm-Werksbahn der Firma Karl Oertel auf Normalspurwaggon der Reichsbahn.

Nach dem Umschlag der Schiefer-Fertigware im Bahnhof Lehesten hat auf der Rückfahrt die regelspurige Zahnradlok einen Waggon (mit Steinkohle ?) am Haken. Aus dem Führerstand schauen der Lokführer Georg Bergmann und Lehrling Erich Völkel. Auf dem Bild links unten im Gleis deutlich sichtbar die auf dem Steilstreckenabschnitt eingebaute Abt'sche Zahnstange.

Betriebsgebäude auf dem Oertelsbruch: Spalthütte A, Werkstätten, Unterkunftsräume sowie rechts oben das Direktionsgebäude, das Weiße Haus. Diese Aufnahme von Anfang vorigen Jahrhunderts zeigt noch nicht die erst später errichtete Druckluftstation.

In der Hauptwerkstatt des Oertelschen Betriebes.

Elektriker und Oertelscher Haus- und Hofphotograph Otto Hofmann an der Armaturentafel in der Schalt- und Umformstation. Hier mußte der Wechselstrom aus dem öffentlichen Netz in Gleichstrom umgewandelt werden, womit die elektrische Beleuchtung auf dem Oertelsbruch seit 1886 betrieben wurde. Als zweiter Betrieb in Thüringen war bereits 1885 der Herzogliche Schieferbruch mit elektrischer Beleuchtung ausgestattet.

Im Maschinenhaus der zentralen Druckluftstation des Oertelsbruches.

Das Weißes (auch Schwarzes) Haus genannte Oertelsche Direktionsgebäude, erbaut 1864. Links im Bild verbirgt sich hinter Baum- und Pflanzengrün das Gewächshaus der Gärtnerei.

Bergleute paradieren mit der Betriebsfahne der Schieferbrüche des Geheimen Kommerzienrats Karl Oertel vor der Direktion.

Heute eine Kostbarkeit: das damalige Arme-Leute-Münzgeld der Staatlichen Schieferbrüche (mit Wappen des Herzogtums Sachsen-Meiningen) und der Firma Karl Oertel.

Bis unmittelbar an das Weiße Haus rückt der Abbau heran. Mit dem Dampfbagger werden speziell dafür konstruierte Hunte beladen.

Die Villa am Abgrund - nicht aber die Firma. So hatte die Direktion unmittelbaren Einblick in das Betriebsgeschehen auf dem Oertelsbruch, als der Tagebau in Südost-Richtung vorangetrieben wurde.

Um die allgemeine Not auf der Steinernen Heide zu lindern und die eigenen Arbeiter samt deren Familien preiswerter mit den Grundlebensmitteln zu versorgen, bauten die beiden großen Lehestener Schieferbetriebe nicht ganz uneigennützig eigene Landwirtschaften und Verarbeitungseinheiten auf. Diese Ökonomien - hier Landarbeiter der Herrschaftsbruchs - machten die Eigner der Brüche autark und die Lohnarbeiter abhängig.
So gab es auf jedem Bruch ein eigenes Zahlungsmittel, das nur von den dort Beschäftigten und auch nur gegen die Produkte der jeweiligen Ökonomie eingelöst werden konnte, was zweifellos mit Ersparnis verbunden war, aber auch einschränkte. Aus dem so organisierten Wirtschafts- und Sozialwesen des Herzoglichen Bruchs erwuchs schließlich die Konsumvereinigung, die sich ab 1872 in Lehesten als einem der ersten Orte in Deutschland fest etablierte.

Die Autarkiebestrebungen der Schieferbetriebe ließen auch eigene Fuhrparks entstehen, zumal die Transporte des Schiefers auf der Straße zunahmen:

Einer der ersten Lastkraftwagen - vollgummibereift.

Transporter für die Versorgung.

Die Oertelschen Garagen in Schmiedebach entstanden in den 1920 Jahren, ein Jahrzehnt später gab es diese winterliche Fahrzeugparade.

Darsteller von Figuren wie Heilige Barbara, Schutzpatronin der Bergleute, und - vermutlich - Haubenbergleute des 15. Jahrhunderts aus dem Festumzug von 1925 zum 100. Geburtstag des Schiefermagnaten Karl Oertel, der 1903 verstorben war.

Junge Steiger aus dem Oertelschen Betrieb 1925.

Die Direktion des Staatsschieferbruches Lehesten, rechts neben der Schieferplatte sitzend Oberbergrat Bernhard von Rhoel. - Im Jahr darauf, 1928, sorgte ein großer Schieferarbeiterstreik für einige Unruhe bei den Herren.

Die einfachen Leute - festlich geschmückt, die Frauen in Lehestener Tracht, vor ortstypisch schiefergedecktem Haus, offenbar eine Gastwirtschaft, worauf die Bierfässer zur Rechten der Gesellschaft hindeuten.

Bergfest 1925 auf dem Oertelsbruch: zwei Herren, Bergmann und Direktor (?), inmitten trachtengeschmückter Maiden.

Bergfest 1937 unter anderem Vorzeichen: Aufmarsch der teils NS-uniformierten Belegschaft auf dem Zechenplatz des Staatsbruches.

Alles Schiefer links und rechts der Breiten Straße, die eine typische Ansicht des alten Lehesten vermittelt. Im ersten Haus links hatte Photo-Fröhlich sein Geschäft. Die beiden Mädchen mit Tuch auf dem Kopf und Eimer in der Hand mußten keine heranbrausenden Autos fürchten...

Eine Attraktion und Werbung sondersgleichen für die Berg- und Schieferstadt war die berühmte Ausstellung „Das Dach" 1936/37 mit ca. 50 Exponaten in der hier deutlich werdenden Größe. Vom Lehestener „Zwergendorf" wird noch heute gesprochen und ein dem Vorbild ähnlicher Aufbau soll den Thüringer Schieferpark bereichern.

„Mit uns zieht die neue Zeit" - stolz im Bergmanns-Ehrenkleid: die Lehrlinge von 1967 Burckhard Reins (links) und Helmut Pielka.

Das Lehrlingswohnheim in Schmiedebach war von 1949 bis 1969 die zentrale Unterkunft der angehenden Bergleute.

Hauerlehrlinge mit ihrem Lehrausbilder Louis Hönniger im Oertelsbruch, Tagebau Südost, 1958.

Winter am Fördergerüst des Schachtes 4, aus dem bis 1999 gefördert wurde und der heute als Besucherbergwerk einlädt.

Meterhohe Schneewände waren im Betrieb Schmiedebach keine Seltenheit. Für freie Bahn hatte zu Schichtbeginn auch das Verwaltungspersonal zusammen mit den Arbeitern zu sorgen. Dabei kamen mit Schneepflug bewaffnete Loks und Spezialfahrzeuge wie Planierraupen und Dumper zum Einsatz.

Die folgenden Bilder vermitteln einen Eindruck vom Untertagebetrieb in der Grube Lehesten nach 1970; hier Hauer bei der Bohrarbeit im Rheinischen Abbau.

Beraubearbeit der Hauer an der Abbaufirste.

*Arbeitspause im Früh-
stücksraum untertage:
Schacht 4 des Betriebes
Lehesten.*

Absprache vor Ort in der Grube Lehesten, deren Bereich ca. 15 km Stollen und Abbaue in vier Sohlen umfaßte.

Stilleben: in der Schwarzkaue des Lehestener Betriebes.

Rohsteinplatten, dahinter die Spalter. Auf der nächsten Seite in der Ansicht von gegenüber: Zuschneider an den nun elektrohydraulischen Schieferscheren.

Die Bilder sprechen Bände - im Vergleich zu ihren Vor-Vorfahren (Fotografie auf Seite 37) haben sich die Arbeitsbedingungen für die Schieferwerker der 1970er Jahre deutlich verbessert: Die Spalthütten sind nach modernen Gesichtspunkten eingerichtet: hell und beheizt, mit Staubabsaugung und schalldämmender Decke.

Schablonenschneiderin beim Zuschneiden, das die moderne Technologie der elektrohydraulischen Schieferschere mit Fußbedienung wesentlich erleichterte. Nach dem Zweiten Weltkrieg waren zunehmend auch Frauen im Schieferbetrieb beschäftigt.

Der Autor des Buches, Werner Liebeskind (links), in den 1970er Jahren als Betriebsleiter im Gespräch mit Schieferwerker-Kollegen in der Spalthütte.

Panorama von 1973: Schieferbruch 2 (Tagebau Kießlich) in der Endphase des Abbaus, der mit Erschöpfung der Lagerstätte eingestellt wurde. Das Tagebaurestloch ist 80 m tief und umfaßt ca. 20 Hektar.

Die markanten Spuren und ein Fahrzeug (links) weisen darauf hin, daß hier noch die Umstellung von gleisgebundender Fördertechnik auf Straßentransport erfolgte. Zeitweise standen 20 Kübelkipper (Dumper DR 50) im Einsatz.

Bergmännische Fachbegriffe

Abbau Grubenraum, in dem das Dachschieferlager abgebaut (gewonnen) wird

Abzeichner Hüttenarbeiter, der Schablonenformen auf Rohschiefer aufzeichnet

Austeiler mit der Zerteilarbeit befaßter Hauer, Spezialarbeit im Schieferbergbau

Barre (Steinbruchbarre) Schrämgerät; der Schram wurde durch Loch-an-Loch-Bohren mit anschließender mechanischer Stegzertrümmerung eingebracht

Berme söhliger Teil einer Strosse im Tagebau, Arbeits- u. Förderebene

Berauben Entfernen lockerer Gesteinspartien

Culm (engl.) schiefrige und sandige Gesteine unter der Kohle, als geologischer Begriff der unteren Steinkohlenformation, heutige Schreibweise: Kulm

Eisen Bergeisen, ein Meißel mit einem Stiel

Fahren jede Art von Fortbewegung im Bergbau (auch zu Fuß)

Füllort Umschlagplatz für Fördergut am Schacht

Firste oberer Teil eines Hohlraumes im Grubengebäude

Förderung Transport des Fördergutes (Menschen, Material, Schutte u. Rohstein)

Gestell-u. Haspelberg Förderung auf schiefen Ebenen

Geologische Störung Veränderung des ursprünglichen Zusammenhanges eines Gesteinverbandes durch tektonische Kräfte, z.B. Verbiegungen, Faltungen und Zerreißungen; Kleintektonische Störungen im Schiefer: Knie, Schnitte, Schrägen, Köpfe

Gesenkbau Abbauverfahren, bei dem der Schiefer unterhalb der Fördersohle gewonnen und zu dieser hochgezogen werden muß

Gezähe Werkzeug des Bergmanns

Göpel mechanische Fördereinrichtung, die durch Muskelkraft (Mensch oder Tier) angetrieben wird

Grubengebäude (auch Berggebäude), sämtliche zum Bergwerk gehörenden unterirdischen Teile

Grubenwasser Wasser im Grubengebäude, das zur Aufrechterhaltung des Betriebes nach über Tage abgepumpt wird. Fachbereich: Wasserhaltung

Halde Deponie für alle anfallenden Massen in der Gewinnung, die bei der Dach- und Wandschieferproduktion anfallen (im Tagebau etwa 95% des gesamten Fördergutes)

Haue Austeilgezähe des Schieferbergmannes (wie eine Hacke, Stieldurchmesser etwa 50 mm, Meißelschneide etwa 40 mm breit)

Hauer Vollbergmann, der alle bergmännischen Arbeiten beherrscht

Haufwerk losgelöstes Gestein

Hunt bergmännischer Förderwagen (heute vielfach auch „Hund")

Karbon Erdzeitalter (carbo Lat. = Kohle) vor etwa 330 Mio. Jahren

Kaue Umkleide- u. Waschräume für Bergleute (schwarz/weiß)

Keilen Gewinnung von Schiefer durch Keil- u. Treibearbeit ohne Anwendung von Sprengstoff, eine sehr rohsteinschonende Methode

Lager Abbaukörper mit großer Mächtigkeit und geringer Flächenausdehnung

Ort das, Abbau- u. Vortriebsstelle, überhaupt jeder Punkt in der Grube, wo am Gestein gearbeitet wird

Rheinischer Abbau Abbautechnologie, ein Firstenstoßbau mit steigender Abbaurichtung

Rohstein für die Herstellung von Dach- u. Wandschiefer geeignetes Gestein

Stoß seitliche Begrenzung (Wand) eines Grubenbaues

Schieferung auch Transversalschieferung genannt, infolge des Faltungsdruckes auf den Tonschiefer entstanden, Schichtung und Schieferung bilden einen Winkel

Schlägel Schlagwerkzeug beim Austeilen (Hammer mit zwei Bahnen)

Schlauder Schlagwerkzeug aus Hartholz/Kunststoff
Spaltschlauder - Rohsteinspaltung in der Verarbeitung
Hakenschlauder - Schlaggezähe in drei Größen
Einsatz: Rohformgebung von Hand, Lochen
und Haken schlagen,
Sprengen (Köpfen) und Haken schlagen

Schram künstlicher Schlitz im Gestein; Schrämen, einen Schlitz herstellen

Schutte die (Einzahl) - Ausdruck für unbrauchbares Gestein, Abfall, Berge; für die Herstellung von Dach- u. Wandschiefer nicht geeignetes Schiefergestein

seiger Ausdruck für senkrecht

Silikose durch Gesteinsstaub verursachte Erkrankung der menschlichen Lunge

Spaltschlauder Schlaggezähe des Schieferwerkers

Sohle
a) der Boden einer Strecke oder eines Abbaus
b) Stockwerk unter Tage, Hauptarbeitsebene

söhlig Ausdruck für waagerecht, eben

Stollen waagerecht von Tage in die Grube hineinführende Verbindung

Strecke alle söhlig aufgefahrenen Grubenräume mit meist kleinem Querschnitt und großer Ausdehnung. Zweck: Förderung, Fahrung, Wasserhaltung, Bewetterung etc.

Strosse die Teilsohle eines Tagebaues (sohliger Teil = Berme)

tonnenlägig schräg, geneigt

Teufe bergmännischer Ausdruck für Tiefe

Wasserhaltung die Abführung der zusitzenden Wässer mittels Pumpen oder Wasserlösestollen

Zuschneider Facharbeiter in der Spalthütte, der den Schiefer zuschneidet (formatiert)

Traditionshüter: Das Lehestener Bergmannsblasorchester „Glück auf" beim Festumzug zum alljährlichen Bergmannsfest in der Schieferstadt.